AFECTACIÓN CEREBRAL EN CIRUGÍA CARDIACA

Eladio Sánchez Domínguez

AFECTACIÓN CEREBRAL EN CIRUGÍA CARDIACA

Eladio Sánchez Domínguez

Cirujano Cardiovascular

© 2012 Eladio Sánchez Domínguez

Reservados todos los derechos. Ni la totalidad ni parte de este libro puede reproducirse o transmitirse por ningún procedimiento sin permiso del autor.

Lulu Press. Raleigh, Carolina del Norte, Estados Unidos.

Primera edición, 1 de marzo de 2012.

ISBN: 978-1-4710-8454-6

Depósito Legal: BA-000074-2012

A Manuela

ÍNDICE

1 INTRODUCCIÓN...7

2 TIPOS DE AFECTACIÓN NEUROLÓGICA TRAS CIRUGÍA CARDIACA...11

3 FACTORES DE RIESGO DE AFECTACIÓN CEREBRO-VASCULAR TRAS CIRUGÍA CARDIACA...................................17

4 EVALUACIÓN DE LA AFECTACIÓN CEREBROVASCULAR EN CIRUGÍA CARDIACA.....................35

5 ESTRATEGIAS PARA REDUCIR LAS COMPLICACIONES NEUROLÓGICAS EN CIRUGÍA CARDIACA..41

6 CIRUGÍA VALVULAR FRENTE A CIRUGÍA CORONARIA 49

7 BIBLIOGRAFÍA..53

1 INTRODUCCIÓN

Con el paso de los años ha habido una mejoría en las técnicas quirúrgicas de cirugía cardiaca que han llevado a una disminución en la incidencia de complicaciones y mortalidad; asi mismo ha habido un desarrollo progresivo en el control médico de los pacientes, esto ha supuesto que se operen de patología cardiaca pacientes mayores y con más comorbilidades que en los inicios.

Las dos principales manifestaciones de daño cerebral tras cirugía cardiaca son el accidente cerebrovascular (ACVA) y la disfunción cognitiva postoperatoria. La incidencia de ACVA es en múltiples estudios en torno al 3% [1,2,3] mientras que la disfunción cognitiva varía ampliamente su incidencia según los trabajos, desde el 13% al 79% [4,5,6], principalmente debido a problemas metodológicos.

En 1996, Roach [1] realizó un estudio multicéntrico prospectivo observacional en 2417 pacientes intervenidos de revascularización coronaria, para determinar la incidencia de ACVA y encefalopatía, clasificó la afectación cerebral en tipo I: muerte por ACVA o encefalopatía hipóxica, ACVA, accidente isquémico transitorio (AIT), estupor o coma; y tipo II: deterioro intelectual, confusión, agitación, déficit de memoria, desorientación y epilepsia. Obtuvo una incidencia del 3.1% para el tipo I y del 3% para el tipo II; siendo los predictories para el tipo I: arteriosclerosis de aorta, enfermedad neurológica previa, balón intraaórtico de contrapulsación, diabetes mellitus, y angor inestable; para el tipo II: alcoholismo, cirugía coronaria previa, disrritmias cardiacas, enfermedad vascular periférica e insuficiencia cardiaca; siendo predictores comunes al tipo I y II: edad, enfermedad pulmonar, hipertensión arterial e hipotensión perioperatoria.

Los pacientes con afectación cerebral postoperatoria tenían una mayor mortalidad hospitalaria (21% en el tipo I y 10% en el tipo II), una hospitalización más prolongada (25 días con el tipo I, y 21 días con el tipo II) y una mayor necesidad de cuidados tras el alta.

La incidencia de disfunción cognitiva, aun siendo muy variable según estudios, no ha disminuido en los últimos veinte años, en parte debido a que actualmente se intervienen pacientes en edades más avanzadas y pluripatológicos, con mayor riesgo de afectación neurológica. No obstante, la importancia de la disfunción cognitiva tras cirugía cardiaca se ha menospreciado durante mucho tiempo al considerarse transitoria en la mayoría de los pacientes. Newman [7] realizó un estudio prospectivo durante cinco años en 261 pacientes intervenidos de cirugía coronaria para valorar la evolución de la disfunción cognitiva, para lo que empleó cinco test neurocognitivos, obteniendo una incidencia de deterioro cognitivo del 53% al alta, 36% a las 6 semanas, 24% a los 6 meses y 42% a los cinco años; siendo predictores de deterioro cognitivo a los 5 años: la edad, el bajo nivel cultural y el deterioro cognitivo al alta.

La importancia de la afectación cerebral tras cirugía cardiaca es cada vez más relevante, debido en parte a la disminución de otras complicaciones y los factores de riesgo que presentan los pacientes que actualmente se operan. Al ser considerablemente alta la incidencia de disfunción cognitiva, nos puede servir de referencia para estudiar los factores de riesgo, que también afectan a los pacientes que sufren un ACVA tras la cirugía cardiaca.

2 TIPOS DE AFECTACIÓN NEUROLÓGICA TRAS CIRUGÍA CARDIACA

La etiopatogenia del daño neurológico tras la cirugía cardiaca no está bien definida, siendo probablemente multifactorial, mediante embolización, hipoperfusión y respuesta inflamatoria localizada y sistémica.

Cuatro categorías comunes de complicaciones neurológicas son: encefalopatía, ACVA, disfunción cognitiva y lesiones del sistema nervioso periférico. Newman [7] clasificó la afectación neurológica en tipo I: muerte por ACVA o encefalopatía hipóxica, ACVA, AIT, estupor o coma, y tipo II: deterioro intelectual, confusión, agitación, déficit de memoria, desorientación y epilepsia. Normalmente la bibliografía diferencia al hablar de afectación neurológica tras la cirugía cardiaca entre ACVA y disfunción cognitiva.

Llinas [8] revisa la forma en que se presenta la complicación neurológica tras la cirugía cardiaca: el paciente que no despierta, el que despierta con confusión, el que despierta con debilidad de un miembro, y el que despierta con disfunción cognitiva.

2.1 El paciente que no despierta

2.1.1 Encefalopatía toxico-metabólica

Los pacientes en esta categoría tienen disminuido el nivel de alerta, incluso estupor, sin presentar anomalías focales motoras, sensitivas ni visuales. En algunas series tiene una incidencia del 11.6% hasta cuatro días tras la cirugía. Los factores de riesgo para encefalopatía son: medicamentos, infección de orina, pulmonar o de la herida, insuficiencia renal, insuficiencia hepática, edad avanzada y ACVA previo. Los medicamentos son el principal factor, siendo los más implicados: anticolinérgicos, opiáceos, hipnóticos, antagonistas H2, y haloperidol.

2.1.2 ACVA extenso

Un ACVA hemisférico extenso puede resultar en un tiempo prolongado para despertarse de la anestesia, independientemente del hemisferio afecto. La exploración debe fijarse en desviación de la mirada, anomalías del campo visual, falta de despertar, respuesta reducida al dolor y reflejos asimétricos. Puede no constatarse en una TAC en las primeras 24 horas.

2.1.3 Infartos cerebrales multifocales

Entre el 25 y 65% de ACVAs tras cirugía coronaria son bilaterales o múltiples. En la exploración se deben buscar pequeñas asimetrías. Suelen ser debidos a embolias múltiples de origen cardiaco o más probablemente de la aorta. También pueden deberse a hipoperfusión uni o bilateral, que al afectar a la zona entre la arteria cerebral anterior y media supone debilidad de la musculatura de hombros y cadera.

2.1.4 ACVA de circulación posterior

El 25% de los ACVAs cardioembólicos son en la circulación posterior, afectando a los núcleos de la base, cerebelo y bulbo raquídeo. Presentando clínica de: pares craneales, disautonomía, cambios en patrón respiratorio, posturas de descerebración e hidrocefalia.

2.1.5 Daño hipóxico

Debido a periodos prolongados de circulación extracorpórea, parada circulatoria o dificultad para ventilar el paciente. Inicialmente flácidos, desarrollan posteriormente posturas de decorticación o descerebración, epilepsia multifocal y mioclonías.

2.2 El que despierta con confusión

Puede deberse a infartos del lóbulo frontal o temporal no dominante, lóbulo occipital uni o bilateral, arteria cerebral anterior uni o bilateral, encefalopatías toxico-metabólicas.

El empleo de oxigenadores de membrana y filtros en la línea arterial han reducido el número de partículas embólicas.

2.3 El paciente que despierta con debilidad de un miembro. ACVA

El riesgo de infarto cerebral isquémico tras cirugía coronaria es del 2-6%, siendo mayor tras cirugía intracardiaca (13%).

Pueden deberse a suelta de material ateroembólico de las válvulas patológicas, material trombótico en aurículas dilatadas y fibrilación auricular, lesiones arterioscleróticas en aorta ascendente, lesiones de carótida, ACVA hemorrágico.

Las embolias de origen cardiaco suelen ser de un embolo grande que ocluye una única arteria cerebral, mientras que las de aorta suelen ser múltiples émbolos pequeños que se dirigen principalmente a la circulación anterior.

2.4 **Disfunción cognitiva postoperatoria**

Se manifiesta como pérdida de memoria, atención, concentración, perseverancia y alteraciones de la percepción visual.

Se ha asociado con la edad, duración de la circulación extracorpórea y carga de microembolias procedentes de la aorta. Pugsley [9] demuestra en un estudio que el 43% de los pacientes con un contaje embólico de más de 1000 tenían anomalías cognitivas a las ocho semanas, y solo el 8% de los pacientes con un contaje de menos de 200.

3 FACTORES DE RIESGO DE AFECTACIÓN CEREBRO-VASCULAR TRAS CIRUGÍA CARDIACA

3.1 Factores demográficos

3.1.1 Edad

Varios estudios han mostrado que la edad es el mayor predictor de complicaciones neurológicas tras la cirugía cardiaca [10]. Tuman [11] en un estudio prospectivo de 2000 pacientes sometidos a cirugía coronaria obtiene una incidencia del 0.9% en menores de 65 años, 3.6% entre 65 y 74 años, y del 8.9% en mayores de 75 años. Gardner [12] en un estudio retrospectivo de 3900 pacientes sometidos a cirugía coronaria obtiene una incidencia de ACVAs perioperatorios del 7% en mayores de 70 años.

El mecanismo por el que la edad aumenta el riesgo de afectación cerebrovascular no está claro. Newman [13] ha demostrado que no se debe a una alteración de la autorregulación del flujo sanguíneo cerebral.

El aumento de la arteriosclerosis con afectación cerebrovascular silente y el aumento del riesgo de embolización, principalmente de la aorta ascendente, parecen ser los mecanismos principales.

3.1.2 Nivel cultural

Newman [13] encuentra que el nivel cultural de los pacientes sometidos a cirugía cardiaca es un predictor de disfunción cognitiva. Los años de educación se asociaron con un menor deterioro cognitivo en los test, no estando claro el mecanismo implicado.

3.2 Factores perioperatorios

3.2.1 Arteriosclerosis de aorta

Los ateroembolismos perioperatorios de placas aórticas se cree que es responsable de un tercio de los ACVAs tras cirugía coronaria [14]. Los factores asociados con arteriosclerosis sistémica, tales como edad avanzada, diabetes mellitus, hipertensión arterial y enfermedad vascular periférica, se han identificado como factores de riesgo. Existe una clara relación entre la edad y la arteriosclerosis de la aorta ascendente, y entre el grado de arteriosclerosis y la carga embólica [18, 19]. La arteriosclerosis severa de aorta está presente en menos del 1% de los pacientes que se someten a cirugía cardiaca con menos de 50 años, y en el 10% en mayores de 75 años [56].

Blauth et al [15] al examinar autopsias de 221 pacientes sometidos a cirugía cardiaca puso de manifiesto una correlación directa entre la edad, arteriosclerosis aórtica severa y la presencia de ateroembolias cerebrales, renales e intestinales.

El empleo de doppler transcraneal en arteria cerebral media ha puesto de manifiesto una gran carga embólica durante la colocación de la aguja de cardioplegia, la canulación aórtica, y el comienzo y final de la circulación extracorpórea, suponiendo el clampaje y desclampaje de la aorta más del 60% de las embolias detectadas [8].

La aorta ascendente es el segmento menos ateromatoso de la aorta torácica, siendo la mayor afectación en la unión de la aorta ascendente con el arco. En 239 pacientes con enfermedad cerebrovascular, enfermedad ateromatosa del arco estaba presente en el 81% pero solo en 44% en la aorta ascendente [16].

La palpación manual de la aorta ascendente para valorar la presencia de ateromas es un método poco efectivo, infraestimando las placas en aorta ascendente en un 50-80% comparado con la ecocardiografía transesofágica. La TAC identifica las aortas más severamente afectadas pero infraestima las leves y moderadas. El ETE también tiene limitaciones al ofrecer una mala visualización de la parte superior de la aorta ascendente, en su unión con el arco, debido al aire de la tráquea. La valoración mediante ecocardiograma epiaórtico directo es la técnica de elección, para valorar la aorta ascendente intraoperatoriamente. Murkin obtuvo que el empleo de ecocardiograma epiaórtico tras palpación de la aorta supuso un cambio en el manejo quirúrgico por detección de ateromas en el 23.5% de pacientes [17].

3.2.2 Antecedentes cerebrovasculares

La presencia de un accidente cerebrovascular preoperatorio reciente, más aun si tiene componente hemorrágico, supone una situación de riesgo neurológico al someter al paciente a una circulación extracorpórea. Está generalmente aceptado, que demorar en 4 semanas o más tras un accidente cerebrovascular es prudente si la situación cardiaca del paciente lo permite [14, 54].

3.2.3 Manejo de la circulación extracorpórea

Presión arterial media

La hipoperfusión cerebral, es junto con la embolia y cambios locales en el sistema nervioso central uno de los factores que intervienen en la producción del daño neurológico tras la cirugía cardiaca. El flujo sanguíneo cerebral presenta una autorregulación, que depende de la temperatura, presión arterial parcial de CO_2, hematocrito y la presión arterial media. En circulación extracorpórea hay que mantener una presión arterial media que preserve la liberación de oxígeno cerebral, teniendo en cuenta que el flujo cerebral está regulado por la presión y no por el flujo del rodillo de la máquina de extracorpórea [20].

La autorregulación de flujo cerebral está preservado con presiones arteriales medias mayores de 60 mmHg, cuando baja de 50 el flujo cerebral y la liberación de oxígeno se hace presión dependiente, y cuando es 50 la disminución en la liberación de oxígeno se compensa por un aumento en la extracción. La edad, hipertensión arterial, diabetes mellitus y enfermedad vascular alteran la tolerancia a la isquemia y la autorregulación cerebral, de tal forma que al presentar la población que actualmente se interviene de cirugía cardiaca mucha comorbilidad se debe asegurar una presión arterial media mínima para mantener el flujo cerebral.

Cuando se produce una isquemia focal secundaria a microembolización, existe un flujo colateral a la periferia de la zona isquémica, que es presión dependiente, por lo que se debería mantener una presión arteria media alta en los pacientes con riesgo de embolia.

Cuando se establece una circulación extracorpórea con hipotermia, se mantiene la autorregulación en situaciones de alfa-stat hasta presiones medias de 20-35 mmHg; mientras que en pH-stat no existe autorregulación y la sangre no se dirige a zonas isquémicas.

Gold randomizó una serie de pacientes a presiones medias de 50-60 mmHg o de 80-100, obteniendo menos complicaciones neurológicas en el segundo grupo, no obstante a los seis meses no obtuvo diferencias cognitivas [21].

Control del flujo cerebral. Manejo del pH

Además de la presión arterial media, en el control del flujo cerebral interviene el manejo del pH. Utilizando el pH-stat se dobla el flujo sanguíneo cerebral en comparación con el alfa-stat, por encima de las necesidades del metabolismo cerebral; esto que en principio parece beneficioso, supone un aumento de la carga embólica a la circulación cerebral [10, 22, 26]; habiéndose demostrado una mayor incidencia de disfunción cognitiva al emplear el pH-stat [23, 24].

Murkin [25] realizó un estudio en el que 316 pacientes intervenidos con hipotermia moderada fueron randomizados a alfa-stat o ph-stat y flujo pulsátil o no pulsátil; tras dos meses el 45% tenían disfunción cognitiva, no encontrándose diferencias al comparar globalmente el grupo del pH-stat con el del alfa-stat. Pero al estudiar el grupo con circulación extracorpórea de más de 90 minutos, había una reducción del 50% en la incidencia de disfunción cognitiva con el alfa-stat; achacándose estos resultados al hecho de emplear filtros en la línea arteria y oxigenador de membrana ha disminuido la carga embólica global, y solo se pueden poner de manifiesto diferencias con tiempos de circulación extracorpórea más prolongados.

Temperatura

La hipotermia ha mostrado que confiere una protección significativa en la isquemia transitoria, pero no en la permanente, el mecanismo de esta neuroprotección no está claro, creyéndose que la reducción del metabolismo central es menos importante que el efecto de la hipotermia en la liberación de neurotransmisores, catecolaminas y otros mediadores de daño celular [22, 27]. La hipotermia al disminuir las necesidades de oxígeno y ofrecer una protección química, da un margen de seguridad para el establecimiento de circulación extracorpórea a bajo flujo, habiéndose comprobado que la mayor protección se consigue al bajar 3-5 °C. En dos estudios realizados que randomizaban entre cirugía cardiaca en normotermia e hipotermia no se encontró una disminución en la disfunción cognitiva con la hipotermia [28, 29], sin embargo un estudio identifico un aumento de la incidencia de ACVAs en normotermia (3.1% frente al 1%) [29]. La hipertermia supone un aumento del daño cerebral isquémico, transformando una isquemia celular cerebral en un infarto, por lo que se debe evitar; siendo su principal riesgo en los 45 últimos minutos de circulación extracorpórea [30].

Para evitar la hipertermia se pueden plantear las siguientes actitudes:

- Enfriar solo a 34-35 °C.
- Calentar lentamente o desde antes.
- Facilitar el calentamiento aumentando el flujo.
- Salir de circulación extracorpórea en hipotermia.

Nos podemos encontrar con situaciones en las que sale en normotermia de la circulación extracorpórea, pero presenta una hipertermia postoperatoria, pudiendo deberse a un síndrome de respuesta inflamatoria sistémica, o a isquemia en el hipotálamo, donde se localiza el centro regulador de la temperatura.

Recomendaciones en el control de la temperatura:

- Emplear hipotermia moderada a 33-34 °C, que se consigue y corrige fácilmente.
- Monitorizar la temperatura nasofaríngea o timpánica, siendo la rectal de utilidad tras una hipotermia profunda para conseguir un calentamiento más uniforme.
- Evitar la hipertermia en el calentamiento.
- El calentamiento se puede acelerar aumentando el flujo.
- Calentar hasta 35 °C puede ser ventajoso en algunos pacientes.
- Salir de circulación extracorpórea a 33 °C es discutible.

Duración

La duración de la circulación extracorpórea se ha referido en varios estudios como un factor de riesgo para el desarrollo de complicaciones neurológicas, probablemente asociado a casos técnicamente más difíciles, con enfermedad arteriosclerótica avanzada y calcificaciones valvulares severas [26]. Se ha asociado junto con la edad y las microembolias con el desarrollo de disfunción cognitiva [8].

Filtros

En algunos estudios de los años ochenta el empleo de filtros en la línea arterial se asoció con una mejor carga embólica y una menor disfunción cognitiva postoperatoria al comparar con pacientes en los que no se emplearon dichos filtros [31, 35], mientras que otros estudios no mostraron diferencias. Blauth [32] observó una tendencia hacia lesiones microvasculares en retina más severas y disfunción cognitiva al emplear el oxigenador de burbujas frente al de membrana. Pugsley [9] en un estudio posterior demostró que el empleo de un filtro en la línea arterial suponía una disminución de la carga embólica y unos mejores resultados neurológicos postoperatorios.

"Vent"

En un estudio realizado por Roach [1] el empleo de un drenaje para purgar el ventrículo izquierdo se asoció débilmente con las complicaciones neurológicas tipo I. El empleo de un *vent* puede introducir aire en el ventrículo izquierdo que puede embolizar.

3.2.4 Fibrilación auricular

La fibrilación auricular crónica es un factor de riesgo de ACVA perioperatorio. El manejo quirúrgico intraoperatorio o la reversión espontánea a ritmo sinusal durante el postoperatorio precoz pueden provocar la embolización de un trombo en la aurícula izquierda. Una medida para reducir este riesgo es la realización preoperatoria de un ecocardiograma transesofágico, de forma que en la cirugía electiva si se identifica un trombo en aurícula izquierda, se establecen 3-4 semanas de anticoagulación seguido de un nuevo estudio.

La fibrilación auricular de inicio en el postoperatorio ocurre en el 30% de casos de cirugía coronaria. Suele aparecer en el segundo día postoperatorio, siendo factores de riesgo la edad avanzada, enfermedad pulmonar obstructiva crónica, lesión proximal de la coronaria derecha, intervención prolongada, isquemia auricular y retirada de los betabloqueantes. La cardioversión en las primeras 24 horas puede realizarse de forma segura sin necesidad de anticoagulación. La persistencia durante más tiempo requiere el empleo de anticoagulantes orales [14].

3.2.5 Infarto de miocardio y trombos en ventrículo izquierdo

Los pacientes con un infarto de miocardio reciente en cara anterior y anomalías residuales de la contracción tienen un riesgo aumentado de presentar trombos murales en el ventrículo izquierdo. Sería conveniente realizar una valoración ecocardiográfica para buscar trombos en los pacientes que han sufrido un infarto agudo de miocardio anterior. La presencia de un trombo sería indicación de anticoagulación prolongada y nueva realización de ecocardiografía previa a la cirugía coronaria. Además es apropiada la anticoagulación en aquellos pacientes con anomalías de la contracción persistentes de cara anterior tras cirugía coronaria [14].

3.2.6 Patología carotídea

Entre el 8 y 14% de los pacientes intervenidos de cirugía coronaria tienen estenosis significativa de carótida, siendo ésta responsable de cerca del 30% de los ACVAs postoperatorios.

El riesgo de isquemia cerebral en los pacientes con estenosis carotídeas se debe a las embolizaciones y a la disminución del flujo cerebral. Los predictores de estenosis carotídea significativa son: edad avanzada, sexo femenino, enfermedad vascular periférica, ACVA o AIT previo, tabaquismo, lesión en tronco coronaria izquierda. Pudiéndose realizar despistaje con doppler a: mayores de 65 años, pacientes con lesión en tronco coronaria izquierda, y pacientes con ACVA o AIT previo.

Las indicaciones de endarterectomía carotídea en la población general son: estenosis carotídea severa sintomática, y estenosis sintomática moderada o severa asintomática si la incidencia de morbilidad y mortalidad es baja.

En los pacientes con enfermedad coronaria y carotídea el planteamiento es:

- Realizar solo cirugía coronaria si presenta estenosis carotídeas asintomáticas, excepto si presenta alto riesgo de ACVA: estenosis bilateral severa, o estenosis con alto riesgo tromboembólico por eco.

- Realizar angioplastia y *stent* de carótida y cirugía coronaria: se considera una alterntiva en pacientes de alto riesgo quirúrgico.

- Realizar tromboendarterectomía carotídea y cirugía coronaria: en estenosis carotídeas severas sintomáticas y estenosis bilaterales severas. Para valorar si realizar cirugía combinada o por fases se llevó a cabo un metaanálisis obteniendo un riesgo de ACVA del 6% en combinada y 3.2% por fases, y una mortalidad del 4.7% en combinada y 2.9% por fases. Recomendándose en el momento actual realizar por fases la intervención: primero la tromboendarterectomía carotídea y varios días después la cirugía coronaria.

3.2.7　Cirugía coronaria sin bomba

En la cirugía coronaria sin circulación extracorpórea evitamos el riesgo embolígeno asociado con la canulación y decanulación aórtica [36, 37], y de las microburbujas y micropartículas del circuito de extracorpórea, junto con una disminución en la liberación de mediadores inflamatorios [18].

En varios estudios se ha demostrado una disminución de la disfunción cognitiva al comparar con cirugía coronaria convencional [38, 39, 40], pero en una revisión de Nevin [41] concluye que las diferencias en resultados no están todavía probadas.

En los estudios realizados no se ha demostrado diferente incidencia de ACVAs al comparar cirugía con bomba y sin bomba [42, 43, 44]. Pero al estudiar pacientes de 70 y 80 años se ha visto una disminución de infartos cerebrales [45, 46, 47], de forma que en este subgrupo de pacientes la cirugía sin bomba altera la relación existente hasta el momento entre edad y incidencia de ACVAs.

3.2.8 Balón intraaórtico de contrapulsación

Se asoció en el estudio de Roach [1] con afectación cerebral tipo I, considerándose que podría ser un indicador de arteriosclerosis de aorta o un marcador de hipoperfusión.

3.2.9 Diabetes mellitus

La diabetes mellitus es un factor de riesgo aumentado de afectación cerebral [1], pudiendo reflejar una alteración de la autorregulación cerebral durante la circulación extracorpórea; o una arteriosclerosis generalizada, que involucra la aorta, las carótidas y las arterias cerebrales [48, 49].

3.2.10 Hipertensión arterial

Se ha asociado con afectación cerebral tras cirugía cardiaca [1], reflejando una alteración de la autorregulación del flujo sanguíneo cerebral y una arteriosclerosis generalizada.

3.2.11 Angor inestable

Se relacionó en el estudio de Roach [1] con afectación cerebral tipo I, asociándolo con un estado protrombótico y de activación de la cascada inmunológica sistémica que podría contribuir al desarrollo de daño neurológico.

3.2.12 Cirugía coronaria previa y enfermedad vascular periférica

Se han relacionado con la afectación cerebral tras cirugía cardiaca, al ser marcadores de arteriosclerosis generalizada.

3.2.13 Enfermedad pulmonar

El enfisema, la bronquitis crónica, las enfermedades pulmonares restrictivas y el asma se asociaron con afectación cerebral tipo I y II [1], no habiéndose descrito este factor antes. Los pacientes con enfermedad pulmonar retienen CO_2 que afecta a la vasorreactividad cerebral, y requieren ventilación mecánica durante más tiempo, lo cual afecta al grado de perfusión y oxigenación cerebral.

3.2.14 Alcoholismo

Se asoció con afectación cerebral tipo II en el estudio de Roach [1].

3.3 Factores genéticos

En un estudio de 65 pacientes sometidos a cirugía coronaria, se observó una asociación significativa entre la presencia del alelo de la apolipoproteina E4 y la disfunción cognitiva postoperatoria. Los pacientes con mayor nivel cultural mostraron una menor susceptibilidad a la disminución de las funciones cognitiva asociada con el alelo de la apolipoproteina E4. Este estudio sugiere que el genotipo es un importante predictor de disfunción cognitiva tras cirugía cardiaca [13, 50].

3.4 Respuesta inflamatoria sistémica

Durante la circulación extracorpórea se ha demostrado una activación de las plaquetas y los leucocitos, como parte de la respuesta inflamatoria sistémica. A partir de varios estudios en modelos animales se deduce que dicha activación inflamatoria no específica puede exacerbar el impacto de isquemias cerebrales focales [19].

4 EVALUACIÓN DE LA AFECTACIÓN CEREBROVASCULAR EN CIRUGÍA CARDIACA

Las complicaciones del sistema nervioso central tales como accidentes cerebrovasculares y accidentes isquémicos transitorios son puestos de manifiesto fácilmente por el médico o el paciente; sin embargo las alteraciones de las funciones cognitivas y los defectos del campo visual requieren de un examen más específico. La Sociedad de Cirujanos Torácicos ha desarrollado una base de datos que establece unas guías para la documentación de las secuelas neurológicas, aunque son muy poco usadas al referirse a las complicaciones neurológicas [51].

4.1 Exploración neurológica

La exploración neurológica es el método más común de detectar complicaciones del sistema nervioso central. Debería realizarse una exploración neurológica detallada a todos los pacientes preoperatoriamente. Debe incluir: examen del estado mental, exploración de los pares craneales, motora, sensitiva, cerebelar, de la deambulación y de los reflejos.

Definiciones de secuelas neurológicas	
Término	**Definición**
Accidente cerebrovascular agudo	Un déficit focal neurológico persistente durante más de 24 horas
Déficit transitorio	Déficit neurológico transitorio (accidente isquémico transitorio, déficit neurológico isquémico reversible, delirium)
Accidente isquémico transitorio	Déficit neurológico focal que dura menos de 24 horas
Déficit neurológico isquémico reversible	Déficit neurológico focal persistente durante más de 24 horas y que es reversible
Delirium	Estado confusional agudo según los criterios DSM-IV
Coma	Estado postoperatorio inconsciente que dura más de 24 horas
Epilepsia	Convulsión postoperatoria nueva

4.2 Exploración neuropsiquiátrica

La valoración e incidencia de estados de confusión y delirium en el postoperatorio de cirugía cardiaca es muy variable en la literatura. Definir delirium de acuerdo con los criterios DSM-IV es difícil de aplicar, por lo que sería recomendable un método más fácil y reproducible para emplearlo en el periodo perioperatorio.

4.3 Técnicas de imagen

El empleo rutinario de TAC o RNM para determinar cambios morfológicos en cada paciente tras cirugía cardiaca no es factible. Siendo su principal papel en el diagnóstico definitivo de un ACVA perioperatorio, aunque no está totalmente clara la relación entre algunos hallazgos, tales como pequeñas zonas de isquemia, y déficit neurológicos sintomáticos o subclínicos.

4.4 Marcadores bioquímicos

Sería deseable que uno o más marcadores bioquímicos liberados en la circulación fueran útiles en el diagnóstico de complicaciones neurológicas, mediante una elevación por encima de un rango, o un cambio en el patrón de liberación. Se han estudiado muchos marcadores como la creatinina fosfoquinasa BB y el lactato, sin embargo los más estudiados en los últimos años son la enolasa neuroespecífica y el S-100 beta.

Enolasa neuroespecífica. Es una enzima intracelular predominante en neuronas, plaquetas y eritrocitos. Se eleva en líquido cefalorraquídeo y sangre con la destrucción neuronal. No se ha introducido en la práctica clínica por la falta de conocimento de la relación entre su elevación y la destrucción de plaquetas y eritrocitos.

S-100 beta. Se eleva en líquido cefalorraquídeo y sangre tras la cirugía cardiaca, mostrando un patrón de elevación característico si existe daño neurológico, habiéndose mostrado una correlación con el deterioro cognitivo. Actualmente se considera el marcador más fiable de daño neurológico, pero se requieren más estudios para conocer su patrón de liberación y establecer unos intervalos de referencia.

4.5 Valoración neuropsicológica

La evaluación de las complicaciones neurológicas mediante métodos de valoración neuropsicológica ha ido aumentando en las últimas décadas. En 1995 un grupo de trabajo publicó unas recomendaciones para la valoración y publicación de las disfunciones cognitivas tras cirugía cardiaca [52], suponiendo un avance en la estandarización de los procesos de valoración neuropsicológica.

Uno de los puntos de controversia es la determinación de la cantidad de cambio de una medida neuropsicológica; siendo el análisis más usado para definir un cambio individual la desviación estandar respecto al nivel basal, pero este método falla al distinguir un cambio real de uno artefactual por poca fiabilidad del test o el efecto de la práctica [6].

4.6   Test de screening de las funciones cognitivas

La valoración neuropsicológica tradicional requiere mucho tiempo y una valoración intensiva, que no es factible en cirugía cardiaca. Una alternativa es el empleo de test de despistaje de funciones cognitivas tales como el *Mini-Mental State Examination* o el *Mental Status Questionnaire*. Estos tests valoran un número limitado de funciones cognitivas de una manera simple y rápida, pudiendo usarse fácilmente en el preoperatorio, pero limitan su sensibilidad en detectar defectos cognitivos leves que son a menudo evidentes tras cirugía cardiaca.

4.7 La percepción del paciente

Valorar la afectación neurológica por la percepción del paciente se ha mostrado problemática, estando más asociada con estados de depresión y ansiedad. Debido a que el estado de animo puede alterar la medida de las funciones cognitivas, es recomendable valorar los estados de depresión y ansiedad.

La publicación de las complicaciones neurológicas no está bien definida, no habiéndose adoptado aún un método estandarizado, no obstante un avance fue el consenso de varios autores en 1995 [52]. El empleo de objetivos definidos sería beneficioso. Dos niveles mínimos de publicación serían deseables. Nivel 1 para ser empleado por todos los investigadores que se refieran a complicaciones neurológicas, que debería incluir: ACVA, eventos transitorios y coma prolongado. Nivel 2, para ser empleado en artículos centrados en complicaciones neurológicas, que debería incluir el nivel 1 y dependiendo de en lo que se centre, valoración neuropsicológica estandarizada (basada en el consenso de 1995), o test de *screening* estandarizados.

5 ESTRATEGIAS PARA REDUCIR LAS COMPLICACIONES NEUROLÓGICAS EN CIRUGÍA CARDIACA

Múltiples estudios descriptivos en las últimas dos décadas han mostrado una baja incidencia de ACVAs tras la cirugía cardiaca, entre el 2 y el 6%; sin embargo hasta el 60% de los pacientes desarrollan disfunciones neuropsicológicas, muchas de ellas subclínicas [53].

5.1 Mecanismos de daño cerebral

Los dos principales mecanismos de daño neurológico son la hipoperfusión cerebral global y la embolia cerebral, habiéndose identificado otros factores que contribuirían como la edad, el daño neurológico previo [54] y la predisposición genética [50]. Además jugaría un papel importante la respuesta inflamatoria sistémica [55].

5.1.1 Daño embólico

Los tipos más importantes de embolia relacionadas con afectación cerebral postoperatoria son:

Embolia arteriosclerótica. Se deben a material arteriosclerótico de la pared de la aorta y los grandes vasos. Se relaciona con maniobras intraoperatorias del corazon y grandes vasos, y maniobras relacionadas con el establecimiento de la circulación extracorpórea.

Embolia aérea. Es imposible conocer el volumen de aire o gras introducido en la circulación sistémica o cerebral que causara con certeza una lesión, parece ser mayor que el presente en las cirugías habituales. En los pacientes sometidos a cirugía valvular se detectan mayor número de embolias al emplear el doppler que en la cirugía coronaria, presuponiéndose que la mayor parte son de naturaleza gaseosa, también se presume que las embolias gaseosas tienen menos efectos adversos que las embolias de partículas en la circulación cerebral.

Embolias grasas. Se han detectado a partir de autopsias de pacientes sometidos a cirugía cardiaca, asociándose con una respuesta inflamatoria a nivel local. Su origen parece ser procedente de la aspiración de la sangre y contenidos del saco pericardio durante la cirugía, que se reinfunden al paciente a través del circuito de extracorpórea.

Trombos y vegetaciones del corazón. Son más raras.

Microembolias del circuito de circulación extracorpórea.

5.1.2 Hipoperfusión

Con un manejo correcto de la circulación extracorpórea no ocurre hipoperfusión cerebral y la liberación de oxígeno cerebral se mantiene correctamente. El empleo de vasoconstrictores como fenilefrina se ha asociado con unos mejores resultados neurológicos, probablemente la reducir el flujo sanguíneo cerebral, y por ello la carga embólica. A sí mismo el manejo del pH mediante alfa-stat protege el cerebro disminuyendo el flujo cerebral.

5.2 Neuroprotección farmacológica

Los primeros intentos de neuroprotección farmacológica trataron de limitar el daño cerebral limitando el flujo y el metabolismo cerebral, empleándose **barbitúricos**, que obtuvieron resultados contradictorios y no concluyentes [19, 57, 58].

Posteriormente se realizaron varios ensayos con **antagonistas del calcio** para disminuir la entrada de calcio en las células, causante de la necrosis neuronal, sin resultados concluyentes [59, 60]. Los **antagonistas NMDA** se han demostrado mejorar los resultados cognitivos, pero con muchos efectos colaterales a nivel neurológico.[61]

Aprotinina. La aproteina es un inhibidor de serin proteasa que se ha demostrado eficaz en disminuir las pérdidas hemáticas y los requerimientos de transfusión, por un mecanismo no conocido. A si mismo se ha observado en varios metaanálisis una menor incidencia de ACVAs en los pacientes que recibieron aprotinina frente los que no [19, 62].

5.3   Manejo de la circulación extracorpórea

Empleo de hipotermia leve: 32-34 °C.

Mantener un hematocrito sobre el 15% durante la circulación extracorpórea, que debe ser del 25% cuando despierte de la anestesia.

Flujo en la línea arterial de 2.2 l/m2.

Presión arterial media debe mantenerse sobre 50 y preferiblemente sobre 60 mmHg.

Durante el calentamiento evitar que la temperatura de la sangre supere los 37 °C.

Monitorizar la perfusión cerebral, especialmente en los pacientes de alto riesgo. Empleo de la saturación del bulbo yugular como un índice de la diferencia arteriovenosa cerebral de oxígeno.

Catéteres de reciente aparición que pueden mantener el cerebro en hipotermia tras salir de circulación extracorpórea.

Cánulas arteriales con filtros que atrapan las embolias producidas en la aorta ascendente.

Evitar la oclusión de la vena cava superior, debido a que supone un aumento de la presión venosa y una disminución de la perfusión cerebral. Puede ocurrir por movilización de la cánula venosa o al mover el corazón para exponer su cara inferior.

Evitar la respuesta inflamatoria sistémica. El empleo de oxigenadores y tubos tratados con sustancias anticoagulantes parecen disminuir la respuesta inflamatoria.

5.4 Maniobras quirúrgicas intraoperatorias

Empleo de **ecocardiograma epiaórtico o transesofágico**. Permite localizar placar arterioscleróticas en la aorta que pasan desapercibidas al tacto. Pudiendo seguirse el siguiente planteamiento:

- Pared de aorta menor de 3 mm de espesor: tratamiento estándar.

- Pared de aorta mayor de 3 mm de espesor: cambiar el sitio de canulación, clampaje y anastomosis proximales; pudiendo emplearse técnicas sin clampaje con el corazón fibrilando.

- Aortas de alto riesgo, con afectación múltiple o circunferencial, recambio de la aorta ascendente bajo parada circulatoria e hipotermia puede estar indicado.

- Evitar técnicas de clampaje parcial en aortas arterioscleróticas, realizando un clampaje único.

- Técnicas de revascularización coronaria arterial completa, sin anastomosis proximales.

- Cirugía coronaria sin circulación extracorpórea.

- Aire intracardiaco. Empleo de maniobras para purgar el aire de las cavidades cardiacas. Empleo del ecocardiograma transesofágico. Uso de CO_2 en cirugía cardiaca abierta en el campo operatorio.

- Purgar correctamente el circuito de circulación extracorpórea.

- Embolia grasa. Procesar el material proviniente de los aspiradores.

6 CIRUGÍA VALVULAR FRENTE A CIRUGÍA CORONARIA

La mayoría de estudios de complicaciones del sistema nervioso central tras cirugía cardiaca están centrados en la cirugía de revascularización coronaria, o en un grupo de cirugía coronaria y valvular.

Los pacientes sometidos a procedimientos de cirugía valvular son excluidos de los estudios o son incluidos en un gran grupo en el que predomina la patología coronaria, no siendo incluidos en el análisis final como un grupo independiente, todo ello a pesar de las publicaciones que refieren que la cirugía cardiaca que implica exposición de las cavidades cardiacas conlleva un mayor riesgo de complicaciones neurológicas, frente a los procedimientos extracardiacos. Slogoff [63] obtiene un riesgo de complicaciones psiquiátricas o neurológicas persistentes en pacientes sometidos a cirugía cardiaca del 13.3%, comparado con un 4.4% para los pacientes sometidos a cirugía coronaria, achacándose al mayor riesgo de embolias provenientes del campo quirúrgico durante la cirugía intracardiaca y la macroembolización de aire.

Recientes estudios han cambiado el planteamiento que la cirugía valvular conlleva un riesgo aumentado de afectación cerebral.

Kuroda [64] en un estudio retrospectivo de 983 pacientes sometidos a cirugía coronaria o valvular, consideró complicaciones neurológicas la alteración de conciencia tras 24 horas, el déficit motor focal y la epilepsia de aparición antes de una semana; obteniendo una incidencia del 11% en el grupo de cirugía coronaria y del 7% en el de cirugía valvular. Los pacientes sometidos a cirugía coronaria tenían más edad, más historia de afectación cerebrovascular previa, hipertensión arterial, diabetes mellitus, arteriosclerosis de aorta y tiempo de circulación extracorpórea más prolongado.

Ahlgren [65] realiza un estudio retrospectivo de 2480 pacientes, 70-3% cirugía coronaria, 16.1% cirugía valvular, y 8% cirugía combinada, definiendo las complicaciones neurológicas el déficit neurológico focal y la confusión. El 3% presentaron complicaciones neurológicas, presentando la menor incidencia el grupo de cirugía valvular y la mayor el de cirugía combinada. De igual manera Cernaianu [67] en un estudio retrospectivo de 2455 pacientes encontró la menor incidencia de complicaciones cerebrales en los pacientes sometidos a recambio aórtico simple.

Se encontraron como factores de riesgo la edad mayor de 70 años, la diabetes mellitus y la enfermedad cerebrovascular previa.

En el 43% de los casos hubo un intervalo libre hasta el inicio de los síntomas, este intervalo fue más frecuente en los pacientes sometidos a cirugía coronaria, indicaría la existencia de otros factores fuera de la cirugía tales como taquicardias supraventriculares, hipoperfusión y estados de hipercoagulabilidad. Este hecho también ha sido puesto de manifiesto por Ricotta [66].

Ahlgren también llega a la conclusión que la gran mayoría de las afectaciones cerebrales tras cirugía cardiaca son infartos isquémicos, sugiriendo que no sería necesario la realización de una TAC para descartar el infarto hemorrágico para decidir si procede anticoagulación.

Los resultados de estos estudios ponen en entredicho la creencia del mayor riesgo de complicaciones neurológicas tras la cirugía intracardiaca, en parte debido a que los pacientes sometidos a cirugía coronaria presentan más factores de riesgo que los sometidos a cirugía valvular. No obstante siguen existiendo evidencias que indicarían que los pacientes en los que se realiza cirugía valvular tienen más riesgos, debido a que presentan mayor carga embólica [68] y tienen una mayor elevación del nivel de neuromarcadores [69].

Neville [68] compara 193 pacientes sometidos a cirugía coronaria y 73 pacientes sometidos a cirugía valvular, mediante examen neurológico y test neuropsicológicos, empleando doppler de carótida para cuantificar la carga embólica. Se obtuvieron significativamente más embolias en los pacientes sometidos a cirugía valvular. No se encontró asociación entre la edad y el número de embolias. No se obtuvieron diferencias entre ambos grupos en la incidencia de déficit neuropsicológico ni ACVAs. No se encontrón influencia significativa del grado de arteriosclerosis aórtica y el déficit neuropsicológico.

Los estudios que comparan la incidencia de déficit neuropsicológico tras cirugía intracardiaca y extracardiaca son escasos. Townes [70] no fue capaz de encontrar diferencias en las medidas neuropsicológicas entre 65 pacientes sometidos a cirugía coronaria y 25 pacientes sometidos a cirugía intracardiaca. Andrew [71] refiere una mayor disminución en la incidencia de déficit persistente a los 6 meses en los pacientes sometidos a cirugía coronaria frente a los de cirugía valvular.

Un grupo de alto riesgo de complicaciones neurológicas es el que se somete a cirugía valvular y coronaria. Pudiendo presentarse hasta en el 16% algún grado de complicación cerebral [72].

7 BIBLIOGRAFÍA

1. Roach GW, Kanchuger M, Mangano CM, Newman M, Nussmeier N, Wolman R, et al. Adverse cerebral outcomes after coronary bypass surgery. Multicenter Study of Perioerative Ischemia Research Group and the Ischemia Research and Education Foundation Investigators. N Eng J Med 1996;335:1857-63.

2. Newman MF, Wolman R, Kanchuger M, Marschall K, Mora-Mangano C, Roach G, et al. Multicenter preoperative stroke risk index for patients undergoing coronary artery bypass graft surgery. Circulation 1996;94(Suppl):II-74-80.

3. Van Dijk D, Keizer A, Diephuis J, Durand C, Vos L, Hijman R. Neurocognitive dysfunction after coronary artery bypass surgery: a systematic review. J Thorac Cardiovasc Surg 2000;120:632-9.

4. Nevin M, Colchester ACF, Adams S, Pepper JR. Evidence for involvement of hypocapnia and hypoperfusion in aetiology of neurological deficit after cardiopulmonary bypass. Lancet 1987;2:1493-5.

5. Shaw PJ, Bates D, Cartlidge NEF. Early intellectual dysfunction following coronary bypass surgery. Q J Med 1986;58:59-68.

6. Kneebone AC, Andrew M, Baker R, Knight JL. Neuropsychologic Changes after coronary artery bypass grafting: use of reliable change indices. Ann Thorac Surg 1998;65:1320-5.

7. Newman M, Kirchner J, Phillips-Bute B, Gaver V, Grocott H, Jones R, et al. Longitudinal assessment of neurocognitive function after coronary-artery bypass surgery. N Eng J Med 2001;344(6):395-402.

8. Llinas R, Barbut D, Caplan LR. Neurologic complications of cardiac surgery. Progress in Cardiovascular Diseases 2000;43(2):101-112.

9. Pugsley W, Klinger L, Paschalis C, et al. The impact of micro emboli during cardiopulmonary bypass on neuropsychological functioning. Stroke 1994;25:1393-1399.

10. Murkin JM. Etiology and incidence of brain dysfunction after cardiac surgery. Journal of Cardiothoracic and Vascular Anesthesia 1999;13(4);Suppl 1: 12-17.

11. Tuman KJ, McCarthy RJ, Najafi H, Ivankovich AD. Differential effects of advanced age on neurologic and cardiac risks of coronary operations. J Thorac Cardiovasc Surg 1992;104:1510-1517.

12. Gardner TJ, Horneffer PJ, Manolio TA, et al. Stroke following coronary artery bypass grafting: a ten year study. Ann Thorac Surg 1985;40:574-81.

13. Newman MF, Croughwell ND, Blumenthal JA, Lowry E, White WD, Spillane W, et al. Predictors of cognitive decline after cardiac operation. Ann Thorac Surg 1995;59:1326-30.

14. Eagle KA, Guyton RA, Davidoff R, Ewy GA, Fonger J, Gardner TJ, et al. ACC/AHA guidelines for coronary artery bypass graft surgery: executive summary and recommendations. Circulation 1999;100:1464-1480.

15. Blauth CI, Cosgrove DM, Webb BW, et al. Atheroembolism from the ascending aorta. An emerging problem in cardiac surgery. J Thorac Cardiovasc Surg 1992;103:1104-1112.

16. Barbut D, Gold JP. Aortic atheromatosis and risks of cerebral embolization. Journal of Cardiothoracic and vascular anesthesia 1996;10(1):24-30.

17. Murkin JM, Menkis AH, Downey D, et al. Epiaortic scanning singificantly decreases cerebral embolic load associated with aortic instrumentation for CPB. Ann Thorac Surg 2000;70:1796.

18. Iglesias I, Murkin JM. Beating heart surgery or conventional CABG: are neurologic outcomes different? Sem Thorac Cardiovasc Surg 2001;13(2):158-169.

19. Murkin JM. Attenuation of neurologic injury during cardiac surgery. Ann Thorac Surg 2001;72:S1838-44.

20. Plestis KA, Gold JP. Importance of blood pressure regulation in manintaning adequate tissue perfusion during cardiopulmonary bypass. Sem Thorac Cardiovasc Surg 2001;13(2):170-175.

21. Gold JP, Charlson ME, Williams-Russo P, et al. Improvements of outcomes after coronary artery bypass. A randomized trial comparing intraoperative high versus low mean arterial pressure. J Thorac Cardiovasc Surg 1995;110:1302-1314.

22. Murkin JM. The role of CPB management in neurobehavioral outcomes after cardiac surgery. Ann Thorac Surg 1995;59:1308-11.

23. Anstadt MP, Tedder M, Hegde SS, et al. Pulsatile versus nonpulsatile reperfusion improves cerebral blood flow after cardiac arrest. Ann Thorac Surg 1993;56:453-61.

24. Stephan H, Weyland A, Kazmaier S, et al. Acid-base management during hypothermic cardiopulmonary bypass does not affect cerebral metabolism but does affect blood flow and neurological outcome. Br J Anaesth 1992;69:51-7.

25. Murkin JM, Martzke JS, Buchan AM, et al. A randomized study of the influence of perfusion technique and pH management strategy in 316 patients undergoing coronary artery bypass surgery. II. Neurologic and cognitive outcomes. J Thorac Cardiovasc Surg 1995;110:349-362.

26. Mills SA. Risk factors for cerebral injury and cardiac surgery. Ann Thorac Surg 1995;59:1296-9.

27. McLean RF, Wong BI. Normothermic versus hypothermic cardiopulmonary bypass: central nervous system outcomes. Journal of Cardiothoracic and vascular anesthesia 1996;10(1):45-53.

28. The Warm Heart Investigators. Randomised trial of normothermic versus hypothermic coronary bypass surgery. Lancet 1994;343:559-63.

29. Martin TD, Craver JM, Gott JP, et al. Prospective, randomized trial of retrograde warm blood cardioplegia: myocardial benefit and neurologic threat. Ann Thorac Surg 1994;57:298-304.

30. Cook DJ. Cerebral hyperthermia and cardiac surgery: consequences and prevention. Sem Thorac Cardiovasc Surg 2001;13(2):176-183.

31. Pugsley WB, Klinger L Paschalis C, et al. Relationship between microembolic event count and neuropsychologic deficit in patients undergoing coronary artery surgery [Abstract]. Presented at the 2nd International Conference on the Brain and Cardiac Surgery, Key West, FL, Sept 1992.

32. Blauth CI, Smith PL, Arnold JV, Jagoe JR, Wootton R, Taylor KM. Influence of microembolic retinal ischemia during cardiopulmonary bypass. Assessment by digital image analysis. J Thorac Cardiovasc Surg 1990;99:61-9.

33. Borger MA, Fremes SE. Management of patients with concomitant coronary and carotid vascular disease. Sem Thorac Cardiovasc Surg 2001;13(2):192-198.

34. Borger MA, Fremes SE, Weisel RD, et al. Coronary bypass and carotid endarterectomy: Does combined approach increase risk? A meta-analysis. Ann Thorac Surg 1999;68:14-21.

35. Padayachee TS, Parsons S, Theobold R, et al. The detection of microemboli in the middle cerebral artery during cardiopulmonary bypass: a transcranial Doppler ultrasound investigation using membrane and bubble oxygenators. Ann Thorac Surg 1987;44:298-302.

36. Barbut D, Yao FS, Lo YW, et al. Determination of size of aortic emboli and embolic load during coronary artery bypass grafting. Ann Thorac Surg 1997;63:1262-1267.

37. Aldea GS, Lilly K, Gaudiani JM, et al. Heparin-bonded circuits improve clinical outcomes in emergency coronary artery bypass grafting. J Cardiac Surg 1997;12:389-397.

38. Murkin JM, Boyd DA, Ganapathy S, et al. Beating heart surgery: Why expect less central nervous system morbidity? Ann Thorac Surg 1999;68:1498-1501.

39. Baker RA, Andrew MJ, Ross IK, et al. The Octopus II stabilizer: Preliminary biochemical and neuropsychological outcomes from prospective randomized trial. Heart Surg Forum 2001;4:S19-S23.

40. Diegeler A, Hirsch R, Schneider F, et al. Neuromonitoring and neurocognitive outcome in off-pump versus conventional coronary bypass operation. Ann Thorac Surg 2000;69:1162-1166.

41. Nevin M. Neuropsychometric deficit after cardiac surgery: A new approach for a new millennium. Brit J Anaes 2000;84:304-307.

42. Iaco AL, Contini M, Teodory G, et al. Off or on bypass: What is the safety thershold? Ann Thorac Surg 1999;68:1486-1489.

43. Aron KV, Flavin TF, Emery RW, et al. Safety and efficacy of off-pump coronary artery bypass grafting. Ann Thorac Surg 2000 69:704-710.

44. Koutlass TC, Elbeery JR, Williams JM, et al. Myocardial revascularization in the elderly using beating heart coronary artery bypass surgery. Ann Thorac Surg 2000;69:1042-1047.

45. Ricci M, Karamanoukian HL, Abraham R, et al. Stroke in octogenarians undergoing coronary artery surgery with and without cardiopulmonary bypass. Ann Thorac Surg 2000;69:1471-1475.

46. Carlson RG, Schiro JC, Hertz C. Off-pump coronary artery bypass in octogenarians. Heart Surg Forum 2000;3:212.

47. Hart JC. A review of 140 Octopus off-pump bypass patients over the age of 70: Procedure of choice?. Heart Surg Forum 2001(suppl 1);4:S24-S29.

48. Lynn GM, Stefanko K, Reed JF III, Gee W, Nicholas G, Risk factors for stroke after coronary artery bypass. J Thorac Cardiovasc Surg 1992;104:1518-23.

49. Alter M, Friday G, Lai SM, O'Connell J, Sobel E. Hypertension and risk of stroke recurrence. Stroke 1994;25:1605-10.

50. Tardiff b, Newman M, Saunders A, et al. Apolipprotein E allele frequency in patients with cognitive deficits following cardiopulmonary bypass. Circulation 1994;90(Suppl 1):201.

51. Baker RA, Andrew MJ, Knight JL. Evaluation of neurologic assessment and outcomes in cardiac surgical patients. Sem Thorac Cardiovasc Surg 2001;13(2):149-157.

52. Murkin JM, Newman SP, Stump DA, Blumenthal JA. Statement of consensus on assessment of neurobehavioral outcomes after cardiac surgery. Ann Thorac Surg 1995;59:1289-95.

53. Hammon JW, Stump DA, Butterworth JB, Moody DM. Approaches to reduce neurologic complications during cardiac surgery. Sem Thorac Cardiovasc Surg 2001;13(2):184-191.

54. Redmond JM, Greene PS, Goldsborough MA, et al. Neurologic injury in cardiac surgical patients with a history of stroke. Ann Thorac Surg 61:42-47.

55. Gott JP, Cooper WA, Schmidt FE, et al. Modifying risk for extracorporeal circulation. Trial of four antiinflammatory strategies. Ann Thorac Surg 1998;66:747-754.

56. Goto T, Baba T, Yoshitake A, et al. Craniocervical and aortic athrosclerosis as neurologic risk factors in coronary surgery. Ann Thorac Surg 2000;69:834-840.

57. Nussmeier NA, Arlund C, Slogoff S. Neuropsychiatric complications after cardipulmonary bypass: cerebral protection by a barbiturate. Anesthesiology 1986;64:165-70.

58. Zaidan JR, Klochany A, Martin W, et al. Effect of thiopental on neurlogic outcome following coronary artery bypass grafting. Anesthesiology 1991;74:406-11.

59. Forsman M, Tubylewicz OB, Semb G, Steen PA. Effects of nimodipine on cerebral blood flow and neuropsychological outcome after cardiac surgery. Br J Anaesth 1990;65:514-20.

60. Legault C, Furberg CD, Wagenknecht LE, et al. Nimodipine neuroprotection in cardiac valve replacement: report of an early terminated trial. Stroke 1996;27:593-8.

61. Arrowsmith JE, Harrison MJG, Newman SP, et al. Neuroprotection of the brain during cardiopulmonary bypass. A randomized trial of remacemide during coronary artery bypass in 171 patients. Stroke 1998;29:2357-2362.

62. Smith PK, Muhlbaier LH. Aprotinin: safe and effective only with the full-dose regimen. Ann Thorac Surg 1996;62:1575-7.

63. Slogoff S, Girgis KZ, Keats AS. Etiologic factors in neuropsychiatric complications associated with cardiopulmonry bypass. Anesth Analg 1982;61:903-911.

64. Kuroda Y, Uchimoto R, Kaieda R, et al. Central nervous system complications after cardiac surgery: A comparison between coronary artery bypass grafting and valve surgery. Anesth Analg 1993;76:222-227.

65. Ahlgren E, Aren C. Cerebral complications after coronary artery bypass and heart valve surgery: Risk factors and onset of symptoms. J Cardiothorac Vasc Anesth 1998;12:270-273.

66. Ricotta JJ, Faggioli GL, Castilone A. Risk factors for stroke after cardiac surgery. J Vasc Surg 1995;21:359-364.

67. Cernaianu AC, Vassilidze YV, Flum DR. Stroke associated with cardiac surgery. Arch Neurol 1997;54:83-87.

68. Neville MJ, Butterworth J, James RL, et al. Similar neurobehavioral outcome after valve or coronary artery operations despite differing carotid embolic counts. J Thorac Cardiovasc Surg 2001;121:125-136.

69. Herrmann M, Ebert AD, Tober D, et al. A contrastive anaalyis of release patterns of biochemical markers of brain damage after coronary artery bypass grafting and valve replacement and their

association with the neruobehavioral outcome after cardiac surgery. Eur J Cardiothorac Surg 1999;16:513-518.

70. Townes BD, Bashein G, Hornbein T, et al. Neurobehavioral outcomes in cardiac operations. J Thorac Cardiovasc Surg 1989;98:774-782.

71. Andrew MJ, Baker RA, Bennetts J, et al. A comparison of neuropsychological deficits after extracardiac and intracardiac surgery. J Cardiothorac Vasc Anesth 2001; 15:9-14.

72. Wolman RL, Nussmeier NA, Aggarwal A, et al. Cerebral injury after cardiac surgery: Identification of a group at extraordinary risk. Stroke 1999;30:514-522.

www.ingramcontent.com/pod-product-compliance
Lightning Source LLC
Chambersburg PA
CBHW021037180526
45163CB00005B/2171